DOCUMENTS AUTHENTIQUES

CONCERNANT

LA NATURALISATION EN ALLEMAGNE

DE

Mme MARIE-HENRIETTE-VALENTINE DE RIQUET

COMTESSE DE CARAMAN-CHIMAY

ET SON MARIAGE

AVEC LE

PRINCE GEORGES BIBESCO

PARIS

TYPOGRAPHIE DE E. PLON ET Cie

8, RUE GARANCIÈRE.

1876

DOCUMENTS AUTHENTIQUES

CONCERNANT

LA NATURALISATION EN ALLEMAGNE

DE

Mᵐᵉ MARIE-HENRIETTE-VALENTINE DE RIQUET

COMTESSE DE CARAMAN-CHIMAY

ET SON MARIAGE

AVEC LE

PRINCE GEORGES BIBESCO

PARIS

TYPOGRAPHIE DE E. PLON ET Cⁱᵉ

8, RUE GARANCIÈRE.

1876

DOCUMENTS AUTHENTIQUES

CONCERNANT

LA NATURALISATION EN ALLEMAGNE

DE

MME MARIE-HENRIETTE-VALENTINE DE RIQUET

COMTESSE DE CARAMAN-CHIMAY

ET SON MARIAGE

AVEC LE

PRINCE GEORGES BIBESCO

----•----

NATURALISATION

ACTE DE NATURALISATION.

« Le Ministère Ducal, soussigné, certifie par le présent que :

« Madame Henriette-Valentine de Riquet, comtesse de Caraman-Chimay, princesse divorcée de Bauffremont; de Menars,

« Sur sa demande et à cause de son établissement
à Altenburg,

« A acquis la nationalité de l'État de Saxe-Altenburg.

« Cet acte de naturalisation fonde tous les droits et
devoirs d'un membre de l'État de Saxe-Altenburg, à
partir du moment de sa délivrance, mais seulement
pour la personne qui y est expressément nommée.

« Altenburg, le 3 mai 1875.

> « Le ministre du duché de Saxe
> « au département de l'intérieur,

> « LOMMER. »

DÉCLARATION DE S. E. LE MINISTRE SECRÉ-
TAIRE D'ÉTAT AU DÉPARTEMENT DES
AFFAIRES ÉTRANGÈRES DE L'EMPIRE
D'ALLEMAGNE.

« Le Ministère des Affaires étrangères déclare que l'acte de naturalisation, dont ci-joint le duplicata, a été
délivré valablement, aux termes de la

loi de l'Empire du 1ᵉʳ juin 1870, et qu'il produit ses effets dans toute l'étendue de l'Empire allemand.

« Berlin, le 13 août 1876,

« Le Ministre des Affaires étrangères
« de l'Empire d'Allemagne,

« B. DE BULOW. »

MARIAGE

CERTIFICAT DE NON-EMPÊCHEMENT DÉLIVRÉ PAR
LE CONSEIL MUNICIPAL D'ALTENBURG.

« Le Conseil municipal de la ville d'Altenburg certifie par les présentes qu'il n'a aucune connaissance d'un empêchement civil quelconque qui puisse mettre obstacle, de la part des autorités de cette ville, au nouveau mariage que madame Marie-Henriette-Valentine de Riquet, comtesse de Caraman-Chimay, princesse de Bauffremont divorcée, se propose de contracter.

« Altenburg, le 9 juin 1875.

« Le Conseiller Municipal

« KUVRAND. »

PUBLICATION DES BANS.

« Il est porté à la connaissance universelle que :

« 1° Le prince Georges Bibesco, domicilié à Paris, boulevard Latour-Maubourg, 22, fils du défunt prince Georges-Demetrius Bibesco, ancien prince régnant de Valachie, et de sa femme, la princesse Zoé Brancovan, domiciliée à Bucharest ;

« Et 2° dame Valentine de Riquet, comtesse de Caraman-Chimay, princesse séparée de Bauffremont, domiciliée à Altenburg et Berlin, fille de l'envoyé extraordinaire, ministre plénipotentiaire au service de Belgique, Joseph de Riquet, prince de Caraman-Chimay, domicilié au château de Chimay (Hainaut), et de sa défunte femme Émilie-Marie-Louise-Françoise-Joséphine de Pellapra, morte au château de Menars (Loir-et-Cher),

« Veulent contracter mariage ensemble.

« L'officier de l'état civil, soussigné, ne connaît aucun empêchement à ce mariage.

« Ceux qui connaîtraient empêchement au mariage doivent le faire connaître au soussigné, officier de l'état civil.

« La publication des bans doit avoir lieu dans la commune de Berlin.

« Berlin, le 5 octobre 1875.

« L'officier de l'état civil,

« DE ERICHSEN. »

« Cet acte de mariage a été affiché à la mairie de Berlin, du 6 octobre au 21 octobre 1875, selon les prescriptions de la loi. Tout autre mode de publication était superflu, vu les certificats, renseignements et papiers fournis par les fiancés.

« Berlin, 2 juin 1876.

« De Erichsen,

« Officier de l'état civil. »

ACTE DE MARIAGE.

« Berlin, le 24 octobre 1875, à neuf heures un quart du matin,

« Devant l'officier de l'état civil, soussigné, sont aujourd'hui comparus, comme futurs époux :

« 1° S. A. prince Georges Bibesco, dont l'identité est certifiée par M. Charles-Frédéric Drews, conseiller royal de justice, avocat, avoué et notaire, connu personnellement, de religion grecque catholique, âgé de quarante et un ans, né à Bucharest (Valachie), demeurant à Paris, boulevard de Latour-Maubourg, 22, fils de S. A. le prince Georges-Demetrius Bibesco, ancien prince régnant de Valachie, décédé à Paris, et de la princesse Zoé Brancovan, son épouse, demeurant à Bucharest,

« Et madame Marie-Henriette-Valentine de Riquet, comtesse de Caraman-Chimay, princesse séparée de Bauffremont, dont l'identité est certifiée de la même manière que celle du futur époux, de religion catholique romaine, âgée de trente-six ans, née au château de Menars, département de Loir-et-Cher (France), domiciliée à Altenburg, et à Berlin, Potsdamer Platz, 1, fille de S. A. M. Joseph de Riquet, prince de Caraman-Chimay, précédemment envoyé et ministre plénipotentiaire du roi des Belges, au château de Chimay, province de Hainaut (Belgique), et de dame Louise-Marie-Françoise-Joséphine de Pellapra, son épouse, décédée au château de Menars ;

« Et comme témoins :

S. A. le prince Grégoire Brancovan, reconnu quant à son identité de même que les futurs époux, âgé de quarante-sept ans, demeurant à Paris, boulevard de Latour-Maubourg, 22 ;

« Le général major en disponibilité Frédéric Von Wedell, l'identité de la personne duquel est reconnue de la même manière que celle du précédent témoin, âgé de soixante et un ans, demeurant à Dresde, rue Schillerstrasse, 18.

« Les futurs époux ont personnellement déclaré, en présence des témoins et devant l'officier de l'état civil, leur volonté de contracter mariage l'un avec l'autre.

« Lu, approuvé et signé, etc.,

« Marie-Henriette DE RIQUET, comtesse de Caraman-Chimay,

« Prince Georges BIBESCO,

« Prince Grégoire DE BRANCOVAN,

« Frédéric-Charles DE WEDELL,

« Charles-Frédéric DREWS,

« L'officier de l'état civil,

« DE ERICHSEN. »

« L'extrait ci-dessus est certifié conforme au principal registre des mariages de l'état civil de Berlin, 3° district.

« Berlin, ce 24 octobre 1875.

« L'officier de l'état civil,

« De Erichsen. »

« Certifié véritable la signature de M. de Erichsen, officier de l'état civil du 3° district de cette ville.

« Berlin, le 30 octobre 1875.

« Le Magistrat de cette ville, capitale
« et résidence royale,

« Hoben. »

ACTE DE MARIAGE RELIGIEUX.

« L'acte de mariage de M. le prince Georges Bibesco avec madame Marie-Henriette-Valentine de Riquet, comtesse de Caraman-Chimay, est inscrit textuellement comme il suit dans le registre officiel de l'église orthodoxe de Dresde pour l'année 1875 :

« Le 12/24 octobre 1875.

N° 27.
« M. le prince Georges Bibesco, de Bucharest, orthodoxe, âgé de quarante et un ans, a épousé en premières noces madame Marie-Henriette-

Valentine de Riquet, comtesse de Caraman-Chimay, catholique romaine, âgée de trente-six ans.

« Le mariage a été célébré par le Révérend Père Alexandre Rosanow, chapelain de l'église orthodoxe à Dresde, assisté du sacristain Serge Netchajew;

« Ont été présents comme témoins : S. A. Mgr le prince Grégoire Bassaraba de Brancovan; M. le général Frédéric-Charles, baron de Wedell; M. le conseiller de justice Frédéric-Charles Drews, et M. le docteur Phormion.

« En foi de quoi ce certificat a été délivré muni de la signature de qui de droit et avec apposition du cachet de l'église.

« Dresde, le 14/26 octobre 1875.

« Le chapelain de l'église orthodoxe,

« à Dresde,

« (L. S.)   Alexandre Rosanow.

« Le sacristain,

« Serge Netchajew. »

« La Légation impériale de Russie près la cour royale de Saxe certifie que l'acte de mariage ci-présent est délivré par l'église orthodoxe à Dresde, sous la date du 14/26 octobre 1875 *sub* n° 27, et signé par le Révérend Père Alexandre Rosanow, chapelain, et le sacristain Serge Netchajew.

« Dresde, le 14/26 octobre 1875.

« Le Secrétaire de Légation,

« (L. S.)   Danzas. »

LETTRE DE M. DE ERICHSEN, OFFICIER DE L'ÉTAT CIVIL

A LA PRINCESSE GEORGES BIBESCO.

« Berlin, 11 juin 1876.

« Princesse,

« Votre Altesse me demande ce qui serait arrivé, d'après les lois actuelles du pays, si, par suite des publications officielles de votre mariage, le prince de Bauffremont y eût formé opposition.

« A ce sujet, j'ai l'honneur de vous répondre ce qui suit :

« D'après la loi de l'Empire allemand du 6 février 1875, dont la troisième partie (traitant du mariage) est entrée en vigueur en Prusse le 1ᵉʳ mars de la même année, toutes sortes d'oppositions sont généralement levées. Une opposition ne peut être rendue valable et avoir d'effet comme empêchement au mariage, que lorsque la notification en a été faite officiellement à l'officier de l'état civil, et que cet officier croit devoir la prendre en considération.

« Par conséquent, si le prince de Bauffremont avait fait valoir devant moi, officier de l'état civil, compétent pour les mariages, que la séparation de corps et de biens n'a pas pour effet de rompre les liens du mariage, que son mariage, par cette raison, continuait à exister de droit; qu'il ne vous était pas permis de contracter un second mariage : j'aurais été obligé de déclarer au prince que l'opposition formée par lui n'avait aucune valeur devant notre loi. Les raisons que j'aurais fait valoir, dans ce cas, sont les mêmes que celles qui m'ont fait déclarer, pour Votre Altesse, dans les publications, qu'au regard des lois allemandes toutes les formalités avaient été remplies.

« Ces raisons sont les suivantes :

« 1° Votre Altesse, par sa naturalisation, n'était plus sujette française, mais sujette allemande.

« Par conséquent, en ce qui concernait votre second mariage, c'était le droit allemand et non le droit français qu'il fallait appliquer.

« 2° D'après le droit allemand, la séparation de corps et de biens a, pour les Catholiques, l'effet de la dissolution des liens du mariage. Le droit universel en Prusse, applicable à votre cas, à titre de *lex domicilii*, exprime énergiquement cette opinion de droit (§ 734, t. I, part. II).

« 3° Le paragraphe 77 de la loi de l'Empire, citée ci-dessus, qui règle les dispositions concernant les questions de mariage, et qui est entrée également en vigueur en Prusse le 1ᵉʳ mars de l'année passée, ne pouvait d'aucune façon être appliqué à votre cas, parce qu'une cour de justice allemande n'est pas compétente, et par conséquent pas en situation de modifier le caractère d'un arrêt rendu en pays étranger. Le paragraphe 77 ne peut avoir rapport qu'à des jugements rendus par les tribunaux allemands.

« 4° Il n'existe plus de restrictions au droit de conclure un mariage, autres que celles exprimées dans la loi de l'Empire (§ 39 *a. a. O*).

« 5° Ce n'est que dans le cas où l'officier de l'état civil a connaissance d'un empêchement au mariage qu'il doit refuser de conclure le mariage (§ 34 du droit prussien sur la forme du mariage, du 9 mars 1874, § 48 de la loi de l'Empire).

« La question de décider si la naturalisation à Altenburg était légale n'aurait, au surplus, pas pu exister pour moi, parce que, de toutes façons, j'avais le devoir de respecter un acte de souveraineté nationale.

« Que les tribunaux français puissent avoir la prétention d'annuler l'effet légal de la naturalisation!... c'est là une interprétation qui aurait dû être rejetée par les intéressés eux-mêmes.

« Veuillez agréer, etc.

« DE ERICHSEN. »

PARIS. TYPOGRAPHIE E. PLON ET Cie, RUE GARANCIÈRE, 8.

TYPOGRAPHIE DE E. PLON ET Cⁱᵉ
Rue Garancière, 8, à Paris.